发明和探索系列

火山妙趣探索

[意] 埃利诺·巴索迪（Eleonora Barsotti） 著
李恋恋　严惠丹　译

机械工业出版社
CHINA MACHINE PRESS

火山喷发时既壮观又惊险，可是你知道火山的秘密吗？本书以形象、逼真的绘图和生动易懂的文字介绍了地球和火山的结构，火山爆发的原理，火山在世界各地的分布情况，以及温泉、地震等地理现象。让我们一起探索神秘莫测的火山吧！

图书在版编目（CIP）数据

火山妙趣探索 /（意）埃利诺·巴索迪（Eleonora Barsotti）著；李恋恋，严惠丹译．— 北京：机械工业出版社，2016.2（2022.11 重印）

书名原文：First Discoveries：Volcanoes

ISBN 978-7-111-54044-1

Ⅰ．①火… Ⅱ．①埃… ②李… ③严… Ⅲ．①火山 – 少儿读物
Ⅳ．① P317-49

中国版本图书馆 CIP 数据核字（2016）第 134216 号

机械工业出版社（北京市百万庄大街 22 号 邮政编码 100037）

策划编辑：杜凡如 连景岩 责任编辑：杜凡如 连景岩

责任校对：张晓蓉 封面设计：马精明

责任印制：常天培

北京瑞禾彩色印刷有限公司印刷

2022 年 11 月第 1 版第 2 次印刷

230mm × 230mm · 2 印张 · 2 插页 · 36 千字

标准书号：ISBN 978-7-111-54044-1

定价：23.80 元

电话服务
客服电话：010-88361066
010-88379833
010-68326294

网络服务
机 工 官 网：www.cmpbook.com
机 工 官 博：weibo.com/cmp1952
金 书 网：www.golden-book.com
机工教育服务网：www.cmpedu.com

封底无防伪标均为盗版

目 录

地　球

地壳主要由花岗岩和玄武岩组成。

地球由不同的圈层组成。最外一层叫作地壳。地壳的厚度在 10 千米至 70 千米之间，十分坚硬。地壳下面的一层是地幔。地幔由固态和液态岩石组成，厚度约为 2900 千米。地幔下面的一层是地核。地核由铁和镍构成，外核呈液态而内核呈固态，中心温度超过 6000 摄氏度。

地壳分为若干个部分，我们把这些部分叫作板块。地球上一共有七大板块，每个板块都在以不同的速度朝着某个方向运动。这就是为什么板块之间会出现断层的原因——地球上的土地在不停地运动着！

为了解地球的构成，我们把一个苹果切成两半，然后观察它的每一层。苹果皮就像是地壳，果肉就像是地幔，而果核就像是地核。在地壳之下，熔化的岩石（岩浆）会产生很高的温度和压力。当压力通过板块的运动释放出来时，岩浆就会从断层处向上运动然后喷出地表。

火 山

火山形成于地壳的裂缝处。岩浆通过地壳的裂缝从地幔向上运动，然后聚集在这里，经过一段时间堆积成锥形，这就是我们看见的火山。一个火山的形状还取决于它所含的熔岩，熔岩既可能呈液态，也可能非常黏稠，这些熔岩既决定了火山爆发的类型，也决定了岩石冷却之后的性质。

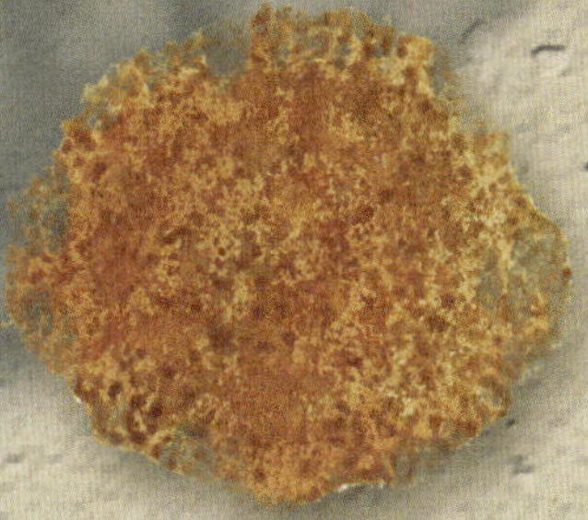

含有更小、更轻微粒的灰尘

含有火山碎屑的火山灰

熔岩碎裂形成的火山砾

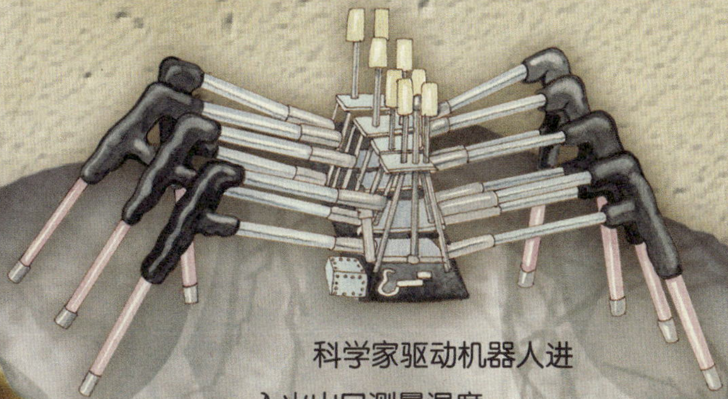

科学家驱动机器人进入火山口测量温度。

我们把研究火山的科学家们叫作火山学家。火山学家会观察火山的状态，也会预测火山的爆发。火山学家在地面上会穿着阻隔高温的特殊服装，还会佩戴防止有毒气体侵入的特殊面具。

人们使用热电偶温度计来测量熔岩的温度。

火山爆发

当火山熔岩呈液态时，几乎不含气体，喷发时较平稳并且形成有缓坡的火山。当火山熔岩非常黏稠时，气体很难从熔岩中排出，这样一来就引起了剧烈的火山爆发，火山灰和岩石会进入空气中，而熔岩会非常快速地流动形成非常陡峭的坡。

岛式火山爆发

斯德隆布利式火山爆发

夏威夷式火山爆发

普林尼式火山爆发

破火山口是一个巨大的圆形拗陷，是由于火山爆发的能量引起岩浆大量喷发，导致火山锥下方空虚，使锥顶陷落而形成的。从破火山口我们可以看见一些火山的中心区域。

火山热点

尽管大多数火山都位于板块的断层处，但仍有一些火山位于这些板块之中。这种火山锥在熔岩从地球中心向上移动的地方形成。熔岩由一股巨大的压力推动并且成功地冲破了地壳，我们把火山形成的这个点称为火山热点。

如果火山热点位于海底，那么火山最后将露出水面形成一座岛。

有许多传说都与火山爆发有关。传说在墨西哥，阿兹特克人会用贡品来祭祀他们住在熔岩湖里的神。而传说在夏威夷群岛，女神贝利居住在基拉韦厄火山里。基拉韦厄火山喷出的熔岩冷却以后会形成水滴状或者丝状的物质，这些物质被人们称为贝利的“眼泪”或者贝利的“头发”。

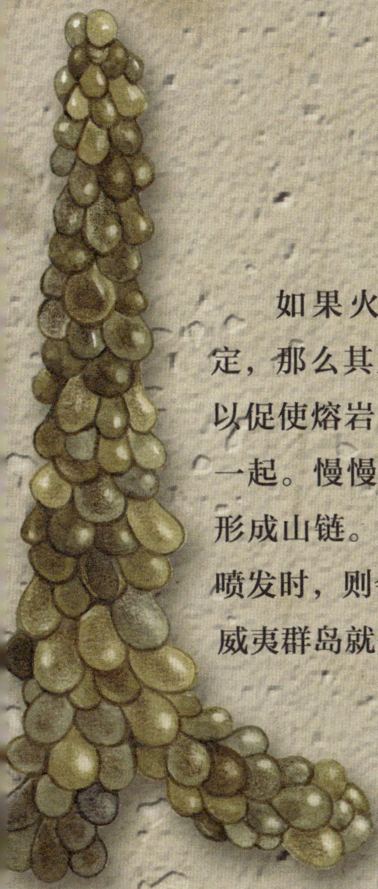

如果火山热点一直保持稳定，那么其上方的板块运动就可以促使熔岩逐渐喷出并且聚集在一起。慢慢地，喷出的熔岩就会形成山链。而当火山热点在海底喷发时，则会形成岛屿，比如夏威夷群岛就是这样形成的。

属于大型火山的基拉韦厄火山和莫纳罗亚火山都位于夏威夷群岛。

夏威夷的火山是圆锥形的，坡度较缓，火山熔岩几乎没有黏性，这些熔岩会快速地从火山口倾泻下来，然后覆盖很大一片区域。

追寻火山的踪迹

世界各地有很多火山，它们形状各异，规模也不尽相同。风、冰和水都可以改变火山的外表，而长期不活跃的火山最终会变成一处风景。

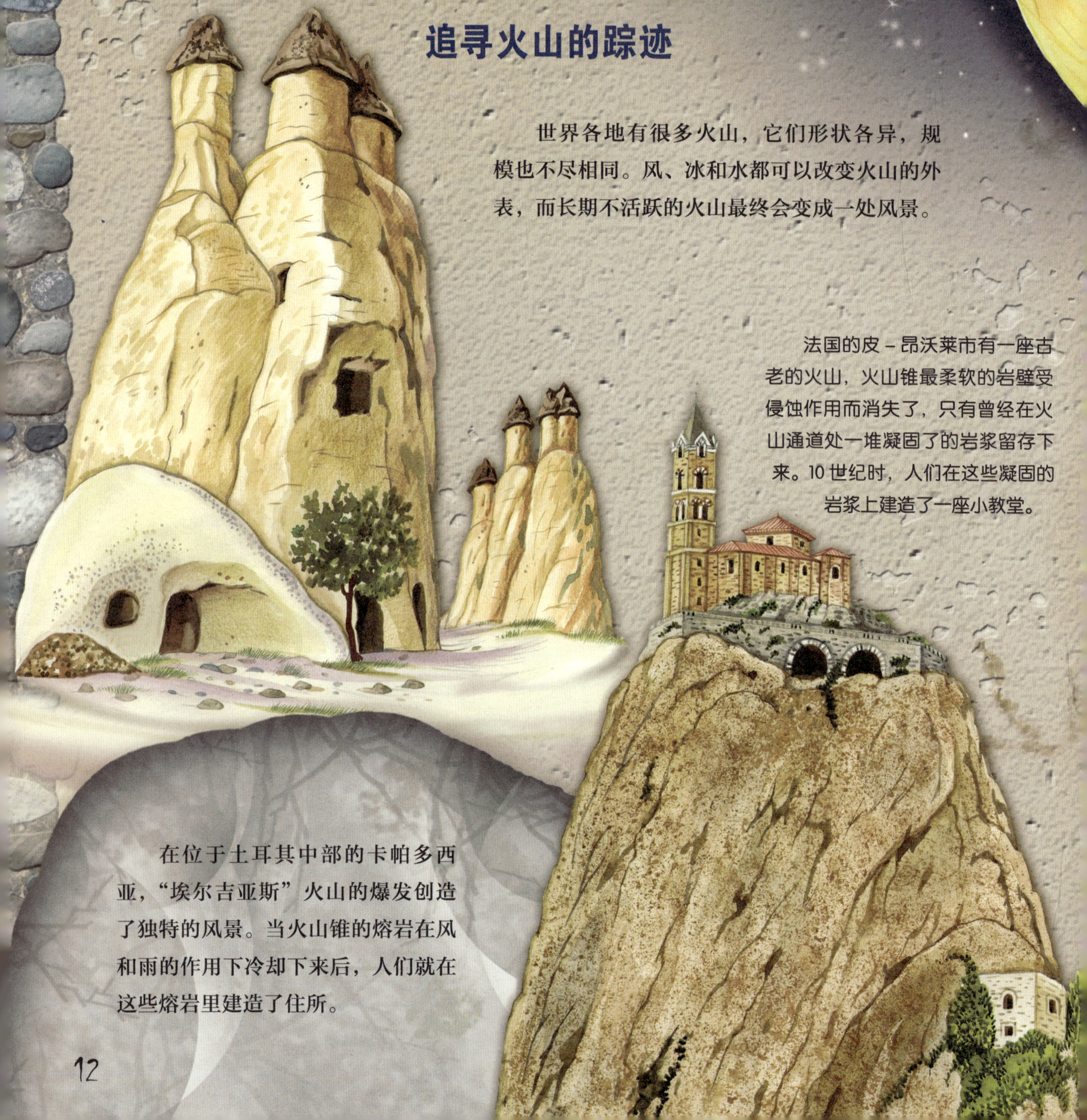

法国的皮－昂沃莱市有一座古老的火山，火山锥最柔软的岩壁受侵蚀作用而消失了，只有曾经在火山通道处一堆凝固了的岩浆留存下来。10 世纪时，人们在这些凝固的岩浆上建造了一座小教堂。

在位于土耳其中部的卡帕多西亚，“埃尔吉亚斯”火山的爆发创造了独特的风景。当火山锥的熔岩在风和雨的作用下冷却下来后，人们就在这些熔岩里建造了住所。

太阳系的其他行星上也有火山。比如，科学家们在火星上发现了一座巨大的火山，人们称它为“奥林匹斯”火山。奥林匹斯火山高度超过 25 千米，大约是珠穆朗玛峰的近 3 倍！

苏格兰的斯塔法岛上有一个名叫芬格尔的山洞，这个山洞形成于几百万年前，古老熔岩流冷却之后，一些呈六边形的柱子就从海面上冒了出来。

庞贝古城的悲剧

公元 79 年，维苏威火山爆发了，庞贝城和赫库兰尼姆城因此被毁于一旦。

那个时候，由于火山爆发，小普林尼正在那不勒斯港的附近各处帮忙。根据他的描述，当时有一团巨大的火山灰云升上天空，而这团灰云第二天就淹没了庞贝城。

当时，庞贝城的居民曾试图逃离，但不幸的是，他们最终还是被埋在了火山灰之下。这些火山灰变硬之后还保持着当时居民尸体的形状。

火山灰和熔岩将当时城市的风貌完全保存了下来，这也让我们可以了解当时人们的生活细节。比如我们可以观察到当时人们所吃的食物。

罗马人信奉伏尔甘，他是火神和火山之神，也是诸神的铁匠。

人们相信是神伏尔甘让巨大的火山灰云倾倒在庞贝城之上。熔岩变成了火山碎屑，开始从火山的侧面倾泻而下，将城中的道路全部摧毁。上千居民来不及逃脱，被掩埋在火山灰之下窒息而死。

间歇喷泉和温泉

在火山地区，地表附近的岩浆可能引发一些奇怪的现象，比如间歇喷泉、火山喷气孔或者温泉。

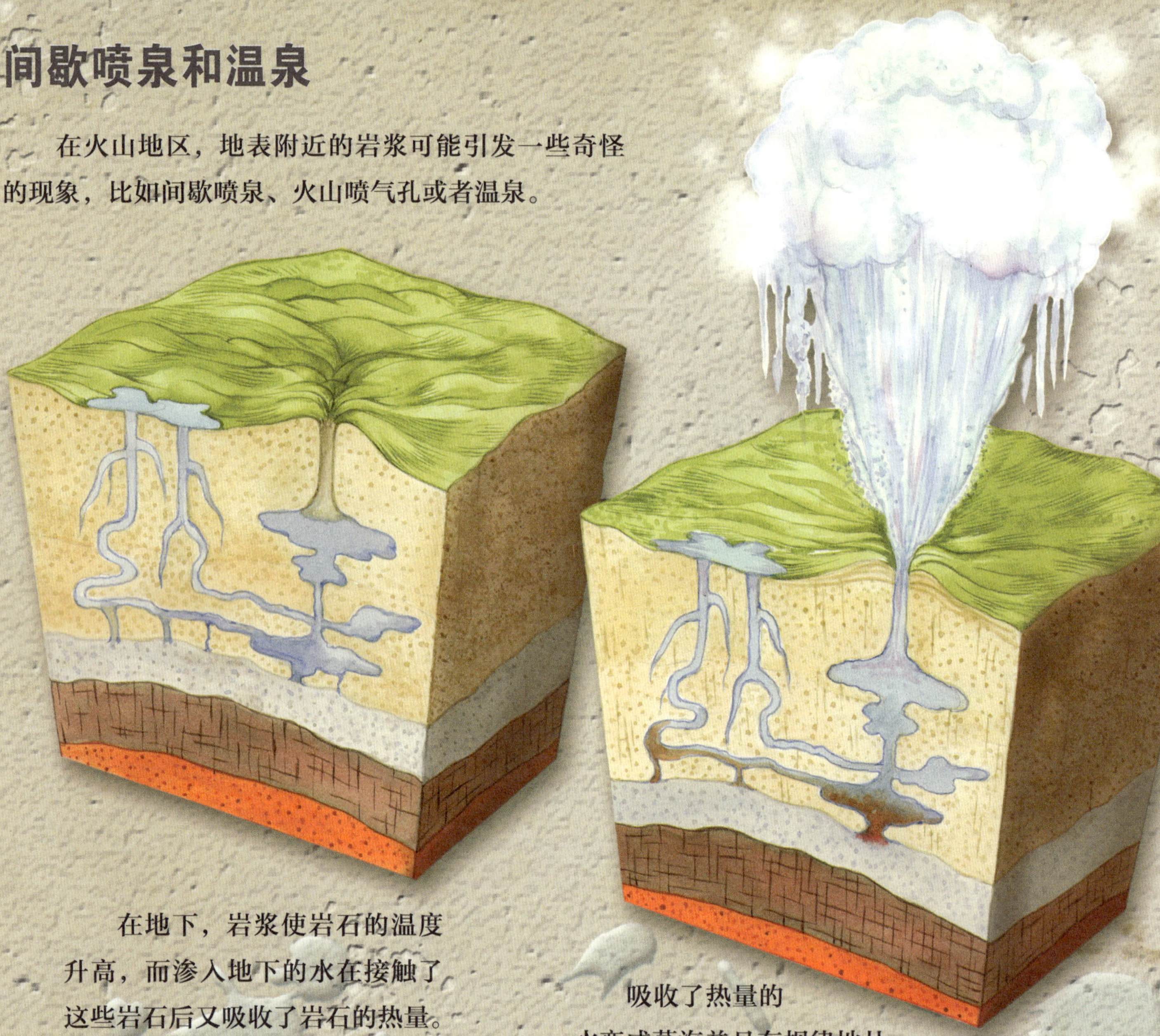

在地下，岩浆使岩石的温度升高，而渗入地下的水在接触了这些岩石后又吸收了岩石的热量。

吸收了热量的水变成蒸汽并且有规律地从地表的裂缝中喷出，这就是间歇喷泉。

沸泥塘是一小片充满稀泥浆（黏土、氧化铁等）的泥塘，蒸汽和气泡会从沸泥塘的表面冒起。

火山气体中有水蒸气和固体矿物的蒸气，冷却之后常在喷口形成大量硫黄。这些硫黄形成了晶体并被用于化工和制药等方面。

火山气体里富含稀有的化学元素，这些化学元素会在冷却的火山熔岩里形成大块的晶体。把这些岩石凿开，会找到珍贵的宝石。

在古罗马，泥浴和泡温泉被当作某些疾病的治疗方法。现在也还是这样。

地 震

大多数地震都是由地下岩石断层活动引起的。受到来自地球中心能量的作用力之后，这些岩石被拉伸或压缩而导致变形，最后破裂。在破裂的过程中，岩石会释放出巨大的能量，这些能量产生了地震波并向各个方向扩散。

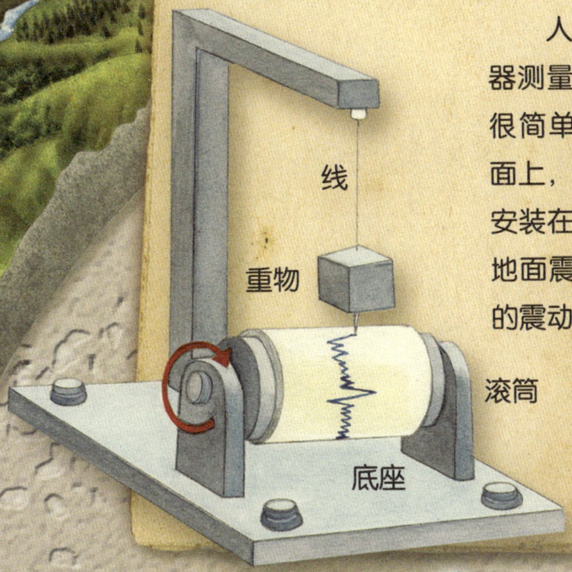

人们使用一种名叫地震仪的仪器测量地震强度。地震仪的原理很简单：将底座牢牢固定在地面上，然后把一个带笔的重物安装在一个纸卷的上方。一旦地面震动，重物就会根据地面的震动轨迹在纸上画线。

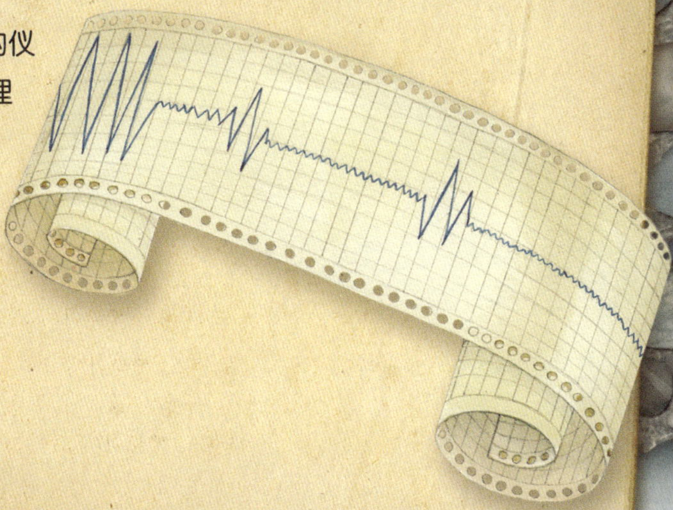

在地球内部引起地震的地方叫作震源。震源在地面上的对应位置叫作震中。震中附近，由于地震而遭受的损失最严重，也最明显。

当地震的震中位于海底时，地震则可能引发巨浪，人们称之为海啸。

许多国家的学生都受到了在地震时进行适当的自我保护的训练。

世界上的火山分布

观察火山的分布情况之后我们会发现，火山集中在一些特定区域。在这些特定区域中，地震活动最为强烈。这两种现象都是由地球中心的热量引起的。

墨西哥、安第斯山脉至火地岛都位于科迪勒拉山系。

由于大部分地震频发的地方都属于太平洋地区，而且该地区火山众多，因此人们将这一地区称作环太平洋火山地震带。

世界上一些比较大的火山都沿着板块的断层分布。

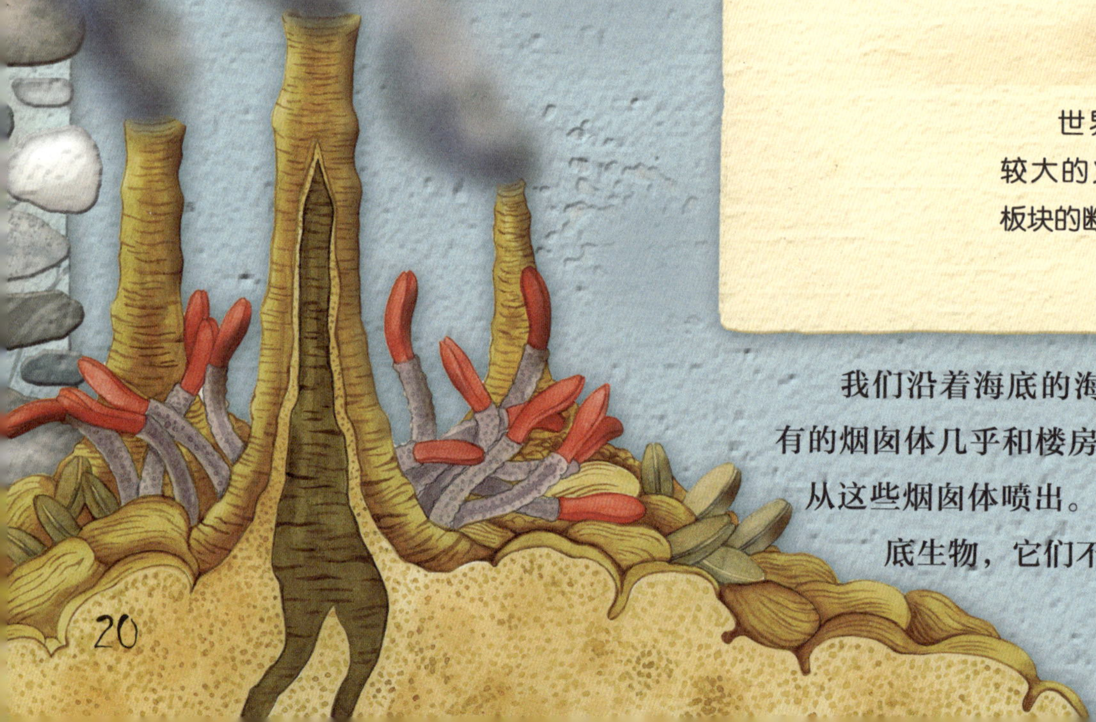

我们沿着海底的海脊还会发现海底火山烟囱体，有的烟囱体几乎和楼房一样高！富含矿物质的热液会从这些烟囱体喷出。在这些烟囱体的周围生活着海底生物，它们不需要太阳光照射。